LETTRES

A JULIE

SUR

LA BOTANIQUE ET LA PHYSIOLOGIE VÉGÉTALE,

Par Mme PHILIPPE-LEMAITRE,

Auteur de *Mes Loisirs* et d'une *Notice sur les Antiquités d'Illeville*.

Poésie, ô sainte chimère :
Viens aussi garder mon sommeil :
Éveille-moi, comme la mère,
Aux premiers rayons du soleil.

Mme ÉMILE DE GIRARDIN.

ROUEN,

IMPRIMERIE DE MÉGARD,

RUE MARTAINVILLE, 200.

1839.

A JULIE.

GRACES qui distinguez Julie,
Et présidez à ses discours,
Gaîté, finesse, dont toujours,
En tout endroit elle est suivie,
A vous aujourd'hui j'ai recours.

Votre appui m'est indispensable
Pour l'instruire et l'intéresser ;
Comme elle faite pour charmer,
La science est bien plus aimable
Quand de fleurs on sait la parer.

Hélas ! parsemez-en ma lyre !
Muses, secondez mes efforts !
Nature, ta beauté m'inspire !
Nymphes des bois, daignez sourire,
Je vous consacre mes accords.

Et vous qui, dès l'adolescence,
Préférez l'étude aux plaisirs,
Julie, ayez de l'indulgence
Pour ces vers que, dans mes loisirs,
Je mêlerai parfois aux leçons de science
Qu'exigent de moi vos désirs.

LETTRES

A JULIE

SUR

LA PHYSIOLOGIE VÉGÉTALE.

LETTRE PREMIÈRE.

RETOUR DU PRINTEMPS. MUTISME DES VÉGÉTAUX. BEAUTÉS DE LA NATURE.

> Ce ne sont ni les héros, ni les champs de bataille,
> que va chanter ma muse. GESSNER.

Salut, riant bouton que Zéphyr fait éclore,
Quand après un long deuil il remplace l'hiver :
Tu m'apprends que bientôt j'irai m'asseoir encore
Sous ce bouleau touffu qui redeviendra vert.
De combien de beautés se pare la nature !
Partout l'adoxe en fleur tapisse les vallons ;
Ici le caltha d'or se mire dans l'eau pure
Qui, des prés d'alentour arrose les gazons.
Plus loin le primula, la ficaire luisante,
L'anémone, l'arum, l'airelle bienfaisante,
Le buis dont l'odorat avant l'œil est flatté,
Voilent déjà des bois la triste nudité.
Elle vient la saison des amours et des roses !
La fauvette a chanté, le givre est disparu.
Sur nos rustiques toits l'hirondelle a paru :
O moment enchanteur, que d'ivresse tu causes !

Loin de ces lieux chéris j'ai souffert trop long-temps ;
Je m'y retrouve enfin, mais alègre et charmée,
Devançant du soleil la pompeuse arrivée.
O comme avec bonheur je revois le printemps !

C'est aussi le moment le plus favorable à l'étude de la botanique ; je ne suis donc point étonnée qu'il vous inspire le désir de connaître cette science charmante. Ce qui me surprend seulement, c'est que, pour vous l'enseigner, vous ayez fait choix d'un professeur aussi peu recommandable que moi ; cependant, comme vous le voulez absolument et que je n'ai rien à vous refuser.

Je vais, quoique fort ignorante,
Pour vous m'érigeant en pédante,
A vos regards surpris de mon air précieux,
D'un ton docte et sentencieux,
Déraisonner avec aisance,
Et vous instruire de mon mieux
En défigurant la science.

Nous commencerons par jeter un coup-d'œil sur les organes des plantes et sur les fonctions qu'ils sont destinés à remplir dans l'économie végétale. Cette étude qui se nomme physiologie, est, je vous l'assure, aussi intéressante que la botanique proprement dite, à laquelle elle est intimement liée, et qui n'est, elle, qu'une simple classification des végétaux. Quel dommage que ceux-ci aient été privés du don de la parole qu'ils possédaient, dit-on, autrefois, dans ce bienheureux

temps que nos premiers pères appelèrent l'âge
d'or! Alors ils eussent pu nous instruire de tout
ce qui les concerne; mais à présent,

Hélas! la chose est impossible
A ces êtres intéressants,
Qui subissent depuis long-temps
Le régime incompréhensible
D'un mutisme trop permanent.
Mais en y songeant mûrement,
Je conçois une inquiétude,
Et de cette sollicitude
Vous allez juger promptement.

Si, depuis la création,
Tout change de mode et de face,
Et qu'une révolution
Jusque dans le caquet se fasse,
Ne devons-nous pas redouter
Que le sexe, qui pour jaser
Fut, dit-on, placé sur la terre,
Ne s'entende un jour condamner,
(Quoiqu'injustement) à se taire?
Vous conviendrez que cette affaire
Peut bien causer quelque embarras,
Mais je prédis que, dans ce cas,
Contre leur louable ordinaire,
Ces messieurs ne se plaindront pas.

Puisque les végétaux ne disent plus mot et
que les dieux forestiers, si babillards autrefois,
gardent eux-mêmes un silence désespérant, il
faudra bien que je prenne un autre biais pour
contenter votre avidité scientifique. J'évoquerai
donc les ombres immortelles des savants de tous

les siècles et de tous les pays; puis, toujours à votre intention,

> De la déesse printanière
> Je visiterai les vergers,
> Les parterres, les potagers,
> Le vignoble, la melonière;
> Je traverserai les forêts,
> Les prés, les côteaux, les guérets
> Et les bocages solitaires
> Où serpentent les ondes claires
> D'un ruisseau des nymphes aimé.
> Puis, quand j'aurai bien observé,
> Bien réfléchi, bien comparé
> La nature avec les ouvrages
> Des écrivains de plusieurs âges,
> De tout ce que j'aurai pillé
> Je composerai quelques pages
> Que vous offrira l'amitié.

A ce début n'allez pas croire que, nouvelle Piéride, j'aie conçu la présomptueuse idée de me poser en rivale de cet aimable poëte qui devint le précepteur de Sophie et l'émule de Demoustiers.

> Non, je ne prétends pas, Julie,
> Egaler cet auteur charmant
> Qui peint la fleur de la prairie
> Avec un si rare talent;
> Qui, des secrets de la chimie,
> Nous fait un tableau ravissant
> Qui, sans paraître moins riant,
> Traite les sujets les plus sombres,
> Et fait apparaître des ombres
> Dans un costume si seyant.

Cependant, quelques notions de science que les livres puissent vous donner, sachez qu'elles seront toujours imparfaites si vous ne les fortifiez de vos propres observations, et surtout ne vous croyez point botaniste, quel que soit le nombre de plantes que renferme votre élégant herbier, si vous-même ne les avez détachées de leur tige, en parcourant les prairies verdoyantes de notre belle Normandie et ses vallons délicieux, traversés de ruisseaux qui réfléchissent les corolles roses des lychnis et des épilobes, et si vous n'avez contemplé les superbes touffes de nénuphars, dont les roses jaunes ou blanches couronnent nos marais et les lieux stagnants de nos rivières, que bordent de riants bocages où, au-dessus d'un gazon émaillé de moscatelle, de croisette et d'alleluia, le tamier sarmenteux suspend, d'un arbre à l'autre, ses festons surchargés de paquets de petites fleurs jaunâtres, auxquelles succèdent des baies d'un rouge si éclatant, que de loin on pourrait les prendre pour des colliers de corail. C'était ainsi que Rousseau conseillait de cultiver la science de Linné, et, je vous le répète après lui, pour l'étudier fructueusement,

> Pour connaître, en un mot, d'intéressants secrets,
> Il faut vous égarer dans le sein des forêts.
> La nature, au milieu des bosquets solitaires,
> Dévoile à ses amants ses sublimes mystères;
> Elle étale à leurs yeux, sur un tapis de fleurs,
> Du prisme de Newton les plus riches couleurs.

Embellit des rayons d'une vive lumière
Un humble vermisseau courant sous la bruyère,
Ou, rendant à Phébus ses feux éblouissants,
Transforme la rosée en or et diamants.
Sa main, pour féconder les bois et les campagnes,
Fait descendre les eaux du sommet des montagnes.
On voit, du sein des rocs ces liquides cristaux
Jaillir et se former en limpides canaux
Qui, portant la fraîcheur au centre de la terre,
Rendent aux végétaux l'aliment nécessaire.
Ah ! croyez-m'en, quittez un moment vos salons,
Venez errer, Julie, au sein de nos vallons ;
Parcourez au matin ces plaines ravissantes
Où le grain, recouvert de balles jaunissantes,
Annonce aux laboureurs que la blonde Cérès
Va payer leurs travaux du plus brillant succès.
Plus loin, apercevez ces factices prairies
Par la main du printemps pompeusement fleuries ;
L'azur, le pourpre, l'or, y brillent à l'envi,
Et devant leur éclat l'œil s'arrête ébloui !
Ailleurs ce sont des prés, de vertes oseraies,
De limpides ruisseaux, d'élégantes saussaies,
Asiles des amours, du bonheur, de la paix,
Et qui du souvenir ne s'effacent jamais.
O nature ! tes dons et ta magnificence
Ne peuvent être vus avec indifférence ;
Ta majesté ravit, elle étonne le cœur,
Mais surtout nous fait croire à notre Créateur.

LETTRE DEUXIÈME.

CORPS ORGANIQUES ET INORGANIQUES. VIE PHYSIQUE DES PLANTES.

L'amour-propre ne peut attacher de prix à un travail qui n'exige ni instruction, ni talent, tel que celui de lire et composer de petits extraits bien courts et bien superficiels.

Mme DE GENLIS.

Le soleil, remonté sur son char éclatant,
Somme tous les mortels d'apparaître à sa vue.
Toujours inexplicable et toujours bienfaisant,
Il enchante la terre en colorant la nue.
Devant lui tout s'émeut, tout redevient vivant ;
L'air est plus embaumé, la verdure plus belle :
Le zéphyr adouci caresse de son aile
La fleur qui pour éclore attendait ce moment.
Tout s'anime à la fois : le chantre des bocages,
L'habitant des cités et celui des villages ;
Chacun va contenter ses devoirs ou ses goûts :
Pour moi, dès mon réveil, je m'occupe de vous.

L'horizon était à peine blanchi par les premières lueurs du crépuscule, et les joyeux accents de la matineuse alouette n'avaient point encore retenti dans les airs, quand je me suis arrachée au sommeil pour parcourir les écrits de quelques naturalistes, afin de me mettre en état d'exercer dignement la profession de savante que vous m'avez contrainte d'embrasser. J'ai donc lu, médité, relu, et enfin me voici prête à vous obéir,

> Ainsi, nous allons débuter :
> Moi par écrire et vous par lire
> Ce qu'il me plaira de conter.
> Mais avant tout je dois vous dire
> Que si vous daignez écouter
> Les faibles accords de ma lyre,
> Au moins il ne faut pas compter
> Qu'on y trouve le mot pour rire.

Maintenant que vous voici prévenue de la gravité qui présidera à mes leçons, nous entrerons, s'il vous plaît, en matière ; et pour traiter notre sujet en philosophes, comme le maître de M. Jourdain, nous dirons d'abord un mot de l'ordre dans lequel on range les productions de la nature. On en faisait autrefois trois classes connues sous le nom de règnes animal, végétal et minéral.

> Mais, vous dirait Sganarelle,
>   Si jadis c'était ainsi,
>   Nous avons changé ceci,
>   Et l'expliquons, Dieu merci,
>   D'une manière nouvelle.

Ce ne sont plus que deux grandes divisions, dont la première comprend les corps organiques, et la seconde les corps inorganiques. Ces derniers, composés de molécules réunies par diverses circonstances, sont dépourvus de sentiment. N'allez pas me demander si, par suite de cette privation,

> Ils sont heureux ou malheureux,
> Je ne puis juger cette cause.
> Les maux que le sentiment cause
> Ne furent jamais connus d'eux :

Mais les jouissances qu'il donne,
L'amour, la gloire, les vertus,
Tout ce qui nous occasionne
Les plus exquis plaisirs dont nous soyons émus.
Tant de biens leur sont inconnus.

Mais les corps organiques, jouissant de ce qu'on nomme la vie, sont susceptibles de toute espèce de sensation. Ils forment deux classes : les animaux et les végétaux. C'est de ces derniers que j'ai à vous entretenir, et vous entrevoyez déjà tout ce que leur nom promet de doux et d'agréable.

On y pressent mille choses
Qui des mortels embellissent les jours ;
On y devine des roses,
Du feuillage et des amours.

Il n'est pas besoin de vous apprendre que, pour être compris dans la division des corps organiques, les végétaux ne sont pas en tout point semblables aux animaux ; véritablement, ils sont formés de presque toutes les mêmes substances élémentaires ; ils se reproduisent aussi par des organes sexuels ; ils sont également assujétis aux maladies et à la mort, mais il y a entre eux peut-être encore plus de différence que d'analogie. Par exemple, les végétaux sont privés de la faculté que possèdent les animaux de se transporter à leur gré d'un lieu à un autre.

Ils ne peuvent jamais franchir
Le cercle étroit qui les vit naître.

Vous   dont le bonheur est d'agir.
Vous allez les plaindre, peut-être.
Et sur eux un moment gémir ;
Mais souffrez que je vous adresse
Quelques mots d'éclaircissement,
Et vous sentirez aisément
Que ce sort qui vous intéresse
N'est point si terrible, vraiment !
Car, fortunés dans leur détresse,
S'ils sont privés de mouvement,
Ils savourent avec ivresse
Le bonheur d'être constamment
Près de l'objet de leur tendresse.

Vous avouerez que c'est là une douce compensation, et que le système de M. Azaïs pourrait trouver un nouvel appui dans cette circonstance ; mais comme ce n'est point ici le moment de l'approfondir, revenons aux végétaux.

Les observations qu'on a faites sur eux
Par moi vous seront rapportées.
Mais à ces récits merveilleux,
Vous vous croirez dans le pays des fées,
Ou sur ces rives ignorées
Que Gulliver a visitées,
Et qu'habitent des gens hideux ;
Ou bien au temps de nos aïeux,
Lorsque, pour fermer nos paupières,
Nos nourrices et nos grand'mères
Nous régalaient de contes bleus.

Imaginez donc des êtres vivants, dépourvus d'estomac, ne possédant, même à l'intérieur, rien qui ressemble à ce viscère, ne pouvant toutefois demeurer privés d'aliments et prenant de la nourriture au moyen d'une multitude de bouches placées à l'extrémité de leurs pieds ; ajoutez à cela qu'ils n'ont ni cœur, ni cerveau, que leurs poumons sont répandus sur presque toute leur surface extérieure, et vous aurez déjà une idée de l'organisation des frais arbustes de vos jardins,

Du narcisse de la prairie,
De l'anémone du rocher,
Et de mainte autre fleur chérie
Que zéphyr aime à lutiner.

Vous souriez de cette description, mais n'allez pas croire que j'exagère : à mesure que nous avancerons dans notre étude, vous remarquerez une infinité de particularités plus étonnantes cent fois que celle de ces bouches dont, à la vérité, Cerbère ou la Renommée eussent peut-être été aussi surpris que jaloux.

D'ici là, néanmoins, point de railleries sur mon tableau des végétaux, où j'en esquisse à l'instant un second où ils auront tout l'aspect d'une écumoire et beaucoup de la propriété d'une éponge ; mais vous ne m'y provoquerez point, puisque probablement vous pensez, ainsi que moi, qu'en voici bien assez long déjà, et pourtant vous n'êtes pas au bout.

Car la nature, inépuisable
En magnificence et bienfaits,
Vous réserve d'autres secrets
Dont l'examen est agréable,
La connaissance profitable,
Et dont, par un destin aussi rare qu'aimable,
L'esprit ne se lasse jamais.

LETTRE TROISIÈME.

VÉGÉTAUX ÉPINEUX ET HERBACÉS.

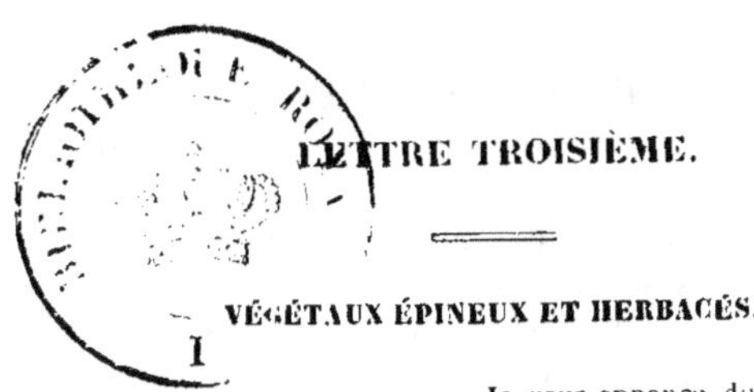

> Je vous annonce du bavardage et des
> rêveries......
>
> Botanique de J.-J. ROUSSEAU.
> *Lettre à madame la duch.* de Portland.

QUOIQUE, d'après ma dernière lettre, vous puissiez vous flatter d'être presque aussi avancée dans la connaissance de la physiologie végétale que Figaro l'était dans celle de la langue anglaise, peut-être trouverez-vous encore assez à propos que j'ajoute quelques détails à ce que je vous ai déjà dit touchant les végétaux.

> Oui, dirait ici maint gourmand,
> Mais des bouches surtout décrivez la structure,
> De leur capacité faites-nous la peinture,
> Car le point le plus important
> C'est celui de la nourriture
> Et de l'organe qui la prend.

Tel pourrait être en effet le langage d'un disciple de Comus; mais à vous qui n'aimez de ce dieu que les fleurs qui couronnent sa tête, il faut tant d'autres éclaircissements que je suis certaine de vous intéresser, tout en ne faisant aujourd'hui que continuer l'examen des différences et des analogies qui existent entre les animaux et les plantes.

2

Vous savez déjà que ces dernières sont assujéties comme les premiers aux maladies et à la mort,

> Loi cruelle, à laquelle eux-mêmes sont soumis
> Ces orgueilleux humains si fiers de leur puissance !
> A nos propres regards tu nous rends si petits,
> Que je ne comprends plus comment la suffisance
> Trouve place dans nos esprits.

Je ne sais quel personnage, raisonnant un jour avec le P. Mallebranche sur les conséquences, funestes pour les humains, de la désobéissance d'Adam, s'avisa tout-à-coup de lui demander pourquoi les animaux s'étaient trouvés enveloppés dans cette fatale proscription. C'est apparemment, répondit le père, qu'ils avaient mangé du foin défendu. Vous penserez ce qu'il vous plaira de cette répartie, mais soyez assurée qu'il aurait donné quelque raison tout aussi valable si on l'eût questionné sur les motifs qui firent condamner au même sort que nous *ces végétaux* qui, sous ce rapport, excitent en vous une si vive pitié, mais dont au reste vous n'êtes pas la seule à plaindre le sort,

> Car les sylphes et les génies
> Qui, dans le vaste champ des airs,
> Vont contemplant de l'univers
> Les ravissantes harmonies,
> Sur eux versent des pleurs amers.
> Si Flore fait naître une rose,
> Tout aussitôt qu'elle est éclose,
> Ils en déplorent le destin,
> Et leurs larmes l'ont arrosée

Avant que, des siennes baignée,
L'Aurore ait repris le chemin
Où les Heures l'ont appelée
Pour ouvrir la porte dorée
Dont on sait l'Orient si vain.
Voilà d'où provient la rosée;
Voilà pourquoi, chaque matin,
Dès que l'alouette éveillée
Fait entendre un joyeux refrain,
Et que l'abeille est arrivée
Pour piller la sauge et le thym,
Vous voyez, de perles humides,
Briller les feuilles et les fleurs
Où l'insecte aux vives couleurs
Vient essayer ses pas timides,
Légers comme ceux des sylphides
Dont il aime à boire les pleurs.

Quoi qu'il en soit, si la nature n'a pas affranchi les plantes de la loi générale, elle a néanmoins établi quelques distinctions entre elles,

Non ces distinctions choquantes
Qui, filles de la vanité,
Font plier les masses souffrantes
Sous le fardeau du préjugé;

il n'en existe point de ce genre dans l'aimable empire de Flore, et pour y obtenir des préférences, les parchemins ne sont point nécessaires.

C'est la beauté, c'est la fraîcheur,
La grâce et la délicatesse,
Ces parfums qui portent l'ivresse
Jusques au fond du cœur.

Mais entre le vert gazon qui égaie nos prairies, et

le mélancolique sapin qui semble s'élancer vers les nues, il y a une différence de physionomie remarquable ; aussi a-t-on divisé les plantes en deux classes, les herbacées et les ligneuses. Les premières ont une existence souvent beaucoup plus limitée que les secondes, si nous n'entendons par existence que le temps qui s'écoule, du moment où ce qu'on nomme vulgairement la tige, sortant des entrailles de la terre, s'élève parée de feuillages et de fleurs, jusqu'après sa fructification. Il en est qui ne vivent que peu de jours, mais Linné vous apprend qu'elles aiment ; alors, oh ! ne les plaignez pas si elles sont payées de retour.

> Sans cela tu n'es qu'un mensonge,
> Amour, toi dont on parle tant !
> Mais pourquoi s'occuper d'un songe
> Dont toujours le réveil fut âpre et déchirant ?

Si toutes les plantes, ainsi qu'on le remarque dans plusieurs herbacées et divers genres d'agames, comme certains bolets, agarics, etc., se putréfiaient aussitôt qu'elles ont cessé de vivre, elles auraient par là une grande analogie avec le règne animal ; mais c'est ce qui n'existe pas, et ce que vous démontrera un coup-d'œil jeté sur cet éclatant acajou qui, avant de briller dans vos appartements, a prêté son bienfaisant ombrage à l'Haïtien dévoré par les rayons d'un soleil brûlant. Dépouillé de sa fraîche couronne de verdure, il revêt un nouveau genre de beauté, à la vérité moins touchant, mais plus durable, et dont l'aspect laisse encore deviner ce que possédait d'agréments l'arbre dont s'enorgueillit Saint-Domingue.

> Ainsi, sur l'horizon que Phébus a quitté,
> Reste long-temps encore une teinte dorée,
> Où l'œil peut reconnaître avec facilité
> L'éclat qu'à son midi dut avoir la journée.

De cet exemple vous devez conclure que les plantes ligneuses ne se décomposent que très-lentement. Ajoutez qu'il est rare qu'elles exhalent les désagréables émanations que l'on remarque dans plusieurs champignons où se rencontre une trop forte quantité de substances animales, ce qui les fait différer autant de ceux-ci que des animaux. Mais quelle vaste carrière s'ouvre ici aux nobles méditations et aux sentiments religieux ! Vous avez admiré la gentillesse de la petite marguerite, dont les enfants aiment à faire des guirlandes ; l'éclat de l'argémone, l'azur du myosotis ont ébloui vos yeux, et vous avez respiré avec délice la suave odeur que le lychnis dioïque réserve pour les nuits enchanteresses de l'été. Contemplez maintenant la majestueuse beauté des végétaux ligneux, réfléchissez à l'utilité continuelle que notre commun Créateur voulut que nous en retirassions,

> Et dites si devant tant de magnificence
> Unie à tant de prévoyance
> Pour le bonheur de l'homme en exil ici-bas,
> Votre cœur ne se gonfle pas
> D'amour et de reconnaissance.

Le ver à soie, pour accomplir le mystère de sa métamorphose, tire de sa propre substance le tissu soyeux dans lequel il s'enveloppe; l'araignée, les fils délicats qui composent sa toile fragile. L'homme, par son adresse, sa force et son génie, souverain des objets qui l'entourent, mais leur esclave par ses besoins, afin de pourvoir à ceux-ci, va percer des carrières, ouvre des mines, dévaste des forêts.... Aussitôt le marbre, la pierre, le fer, l'argent et l'or viennent consolider et embellir le toit qu'il s'est élevé aux dépens du robuste châtaignier, de l'orme tortueux, du somptueux mélèze et de l'élégant peuplier. Ainsi il fait concourir toutes les productions de la nature à son bonheur, à son aisance, à l'accomplissement de ses fantaisies... Mais aussi que de beautés, que de merveilles dans les matériaux que cette tendre mère tient à sa disposition! Ne considérons, si vous le voulez, qu'un petit nombre de celles que présentent les seuls végétaux ligneux. Ici les racines du buis et de l'érable mettent au jour et font serpenter leurs veines luisantes, et les paysages naturels qu'elles récèlent sur ces boîtes si précieuses aux amateurs du macouba, et que vous pouvez ouvrir sans craindre de renouveler l'aventure de Pandore. Plus loin, le bois rosé de Chypre, le mûrier couleur de citron, l'ébène au noir éblouissant, ou l'if à la teinte incarnate se transforment en meubles élégants sous les mains de l'industrieux ouvrier! Voyez le hêtre, ornement de nos bois, les aulnes qui aiment à se mirer dans le ruisseau de la vallée, se conserver des siècles entiers intacts au fond des marécages où ils finissent par se pétrifier, servant ainsi de puissante barrière contre l'envahissement des eaux le long des rivages de nos fleuves, et dans ces villes où se déploient avec le génie de la marine tant de genres d'industrie et de grandeur !

Et toi, géant altier des forêts ténébreuses,
Chêne, arbre révéré des antiques Gaulois,
En ton honneur aussi j'élèverai la voix !
Que ne devons-nous pas à tes vertus nombreuses !
L'histoire à nos neveux redira qu'autrefois
Ton vaste sein creusé par des mains vigoureuses,
Reçut avec fierté l'aventureux Génois
Qui bravant, grâce à toi, des ondes dangereuses,
Découvrit le premier ces rivages lointains
Dont seul depuis long-temps il rêvait l'existence,
Et que l'Espagne dut à sa persévérance.
Mais, destin trop fréquent des plus nobles humains !
Cette gloire par lui chèrement achetée,
Par l'intrigue et la ruse est soudain contestée.
Un autre recueillit le fruit de ses travaux,
Donna son nom obscur aux rivages nouveaux,....
Mais en vain, ô Colomb, on attrista ta vie,
Car la postérité, seule exempte d'envie,
Répara l'injustice aux yeux de l'univers,
Et j'ose même aussi l'essayer dans mes vers.
Peut-être eussé-je dû, plus modeste et timide,
Plutôt que d'ébaucher cet ouvrage d'Alcide,
Me borner à chanter la nature et ses dons ;
Mais quand de la vertu l'enthousiasme entraîne,
Le champ devient si vaste et les sujets féconds,
Que le poëte alors ne consulte qu'à peine
Sa force, et de Boileau les utiles leçons.

Colomb, auquel on n'accorda même pas l'honneur de donner son nom aux terres qu'il avait découvertes, eût cependant bien mérité, selon moi, de ceindre la couronne de chêne que, chez les anciens, on décernait aux hommes célèbres. Cette coutume prouve jusqu'à quel point il était estimé. Il y a à peine deux siècles que Pierre-le-Grand promit de nobles récompenses à ceux qui le cultiveraient avec succès, et une magnifique plantation de chênes rendit à l'ambitieuse Cantemir le cœur de cet illustre amant. Cet arbre superbe est, selon toute apparence, originaire de la Gaule. César rapporte dans ses Commentaires que les vaisseaux des Armoricains étaient tous de bois de chêne. C'était au pied du plus beau chêne que les prêtres de Bélénus dressaient un autel pour la cérémonie du gui, rite mystérieux dont la forêt de Brotonne, notre voisine, aurait été témoin, s'il fallait en croire une vieille tradition qui rapporte

> Que parmi ses détours et sous ses avenues
> De chênes, dont la cime atteint le front des nues,
> On voyait le Druide, un poignard dans les mains,
> Au cruel Teutatès immoler des humains,
> Et du sein déchiré des victimes tremblantes,
> Arracher sans pitié les entrailles sanglantes,
> Feignant d'interroger par un zèle odieux,
> Sur ces cœurs palpitants la volonté des dieux.
> A cet affreux récit vous frémissez, Julie,
> Vous refusez de croire à tant de barbarie....
> Hélas! dans plus d'un culte on a vu trop souvent
> De telles cruautés commises froidement

Il n'est point de forfait, point de crime exécrable
Qu'un fanatisme outré ne trouve raisonnable.
Par lui du bon Henri les jours furent tranchés :
Cent mille citoyens de la France arrachés
Furent porter au loin leur active industrie ;
L'aveugle fanatisme en privait sa patrie !
Dans l'âme la plus douce il verse ses fureurs.
Il éveille la haine, il désunit les cœurs,
Il étouffe la voix de la reconnaissance ;
L'assassinat, le meurtre attestent sa puissance !...
Près du Gange, Idamore en héros triompha ;
Mais Idamore, hélas ! n'était qu'un Paria !
Quand du peuple abusé sa caste fut connue,
Du sauveur de l'état la mort fut résolue.
Il périt.... par les mains de ceux qu'il délivra !
Il est vrai qu'un cœur tendre en secret le pleura.
L'amour ne connaît point ces maximes cruelles
Qui proscrivent les jours des sectaires rebelles.
Au faîte de la gloire, Idamore adoré,
Déshonoré, mourant, se vit idolâtré.

LETTRE QUATRIÈME.

LA MOUSSE. LONGÉVITÉ DE QUELQUES ESPÈCES DE LICHENS.

> Les monts, les bois, les champs, tout s'anime à mes yeux.
> *Lettres à Émilie*, tome II.

MUSCIE était une jolie petite Oréade à laquelle Cérès accorda le don de l'immortalité, en récompense des secours qu'elle en avait reçus, lorsque épuisée de fatigue elle poursuivait la recherche de sa fille Proserpine. Depuis ce temps, la gentille Muscie a conservé son agréable fraîcheur (car elle avait aussi demandé à la déesse de ne jamais vieillir).

> Je vous prédis un avenir semblable,
> A vous dont les vertus égalent les attraits ;
> Avec un esprit agréable,
> Un cœur compatissant, un caractère aimable,
> Julie, on ne vieillit jamais.

On la rencontre fréquemment parmi les promenades solitaires à l'ombre des arbres ou dans les grottes obscures, comme sur le bord des fontaines et des ruisseaux, où parfois elle aime à se baigner. Vous pourriez faire connaissance ensemble

> Si, dans mon asile champêtre,
> Avec moi vous veniez jaser,
> Car elle garde au pied d'un hêtre
> Un siége pour vous reposer.

C'est vainement que de méchants génies ont maintes fois tenté de lui ravir l'existence en l'emprisonnant pendant de longues années, entre deux planches épaisses surmontées d'un poids incalculable; une immersion de quelques moments a le pouvoir de la rappeler à la vie.

> Vous ne verrez rien qui vous blesse
> Dans ce fait souvent attesté :
> D'une divinité protégeant la faiblesse,
> Votre âme n'a jamais douté.

Vous aurez facilement reconnu l'histoire de la mousse dans ce que vous venez de lire, et je ne doute point que vous ne soyez curieuse d'apprendre par quelle différence d'organisation elle paraît se soustraire à cette loi fatale qui régit si cruellement notre pauvre matière organisée. Si je ne craignais de blesser l'amour-propre de certains faiseurs de systèmes, je serais presque tentée d'être fière en vous disant positivement que je n'en sais rien, quoiqu'en effet il y en ait une très-grande que mes prochaines lettres vous feront connaître, mais à laquelle il ne faut probablement pas attribuer la résurrection de la mousse, non plus que la longévité de plusieurs espèces de lichens qui n'est due qu'aux influences atmosphériques, puisque leur végétation, totalement interrompue pendant les sécheresses, est remise en activité dès la première ondée de pluie. C'est, direz-vous, un heureux privilége que cette classe de végétaux a

obtenue sur les autres , comme sur les animaux et
sur les hommes, car, et nous le savons tous de
reste ,

Il n'est point de rapport entre ces phénomènes
Et des pauvres mortels le funeste destin ,
Lorsque d'amers chagrins , et de profondes peines ,
Nous déchirent le sein ;

Car si la faible mousse, aux chaleurs exposée ,
A vu sécher sa feuille et s'incliner sa fleur,
Au moins, par l'eau des cieux quand elle est arrosée ,
Elle reprend vigueur.

Mais pour nous il n'est point de goutte de rosée
Qui relève nos fronts courbés par la douleur,
Rien qui puisse alléger, pour notre âme affaissée ,
Le fardeau du malheur.

Quand un cœur tout entier se donne , se dévoue ,
Qu'il s'occupe de vous à chaque heure du jour,
Quand le rêve de nuit , qui devant lui se joue ,
Vous offre à son amour ;

Quand les prés ne sont verts , quand la forêt n'est belle ,
Que sous l'éclat du prisme emprunté de l'espoir,
Quand la même raison nous fait de Philomèle
Aimer les chants du soir ;

Quand on se persuade , inaccessible au doute ,
Toujours suivre le plan que l'on a carressé ,
Et que si brusquement et si loin de sa route
On se trouve poussé ;

Enfin , quand on se crée un terrestre élysée
De foi, de pur amour, de candide amitié ,
Puis que de ce beau songe , honorable pensée ,
Personne n'a pitié ,

Et que la vérité vient à rompre l'extase,
Le prisme précieux à ce cœur délirant,
Qu'ainsi de tout bonheur croule jusqu'à la base,
Quoi de plus déchirant ?

Alors plus de repos sous les voûtes ombreuses ;
La rose est sans fraîcheur, sans verdure est le bois ;
Ce sont, au lieu de chants, des plaintes douloureuses
Que module la voix.

Il est vrai que l'on peut, l'âme triste et rêveuse,
Sur le bord des ruisseaux encore aller s'asseoir ;
Mais on a l'œil fixé sur la vague écumeuse
Sans seulement la voir.

En vain le chèvrefeuille à la tige flexible,
Prodigue de ses fleurs les émanations ;
Le cœur désenchanté ne peut être sensible
Qu'à ses déceptions.

LETTRE CINQUIÈME.

===

**ORGANES ÉLÉMENTAIRES DES PLANTES. TISSU CELLULAIRE.
UN PREMIER MOT SUR LES MÉATS.**

> A tout âge, l'étude de la nature émousse
> le goût des amusements frivoles.
> J.-J. ROUSSEAU.

Si parfois il m'est arrivé de vous communiquer quelque légère connaissance due à mon seul travail et à mes propres observations, aujourd'hui, semblable à l'abeille qui ne peut composer le miel qu'à l'aide de ses larcins dans les calices d'un million de fleurs, je ne vous offrirai que le produit de mes emprunts aux ouvrages de vingt savants. Ce nombre vous paraîtra peut-être exagéré, mais vous cesserez de le regarder comme tel dès qu'il vous prendra fantaisie de lire vous-même en entier tout ce que ces messieurs ont écrit sur la botanique, et qu'alors vous pourrez remarquer

> Qu'en fait de science, souvent,
> Les contradictions sont de première essence,
> Et que le type du savant
> Est un enfant dans sa croissance.

Ainsi, c'est à la progression naturelle des lumières humaines que nous devons cette multitude de systèmes opposés, émis depuis Salomon jusqu'à nos jours, par tous les botanistes passés et présents, et auxquels ajouteront, sans nul doute, les botanistes à venir. Mais déjà le tissu végétal ne paraît plus à nos yeux comme à ceux des anciens, composé seulement de fibres ténues diversement entrecroisées, ni une membrane continue dont les dédoublements variés produisent les vides de toute forme qu'on y remarque ; on reconnaît, au contraire, chez les végétaux plusieurs espèces d'organes dont on peut former deux classes distinctes, celle des organes élémentaires, et celle des organes composés. Nous nous occuperons plus tard de ceux-ci, l'essentiel étant de bien connaître d'abord les premiers, que je vais dans l'instant essayer de décrire avec toute la gravité que réclame un pareil sujet, ce qui m'oblige pendant quelques moments

> D'abandonner le ton badin
> Pour les profondeurs de l'étude ;
> L'effort ne peut paraître rude
> Quand le résultat est divin.
> Plaignons celui dont la paresse
> Néglige ce temps précieux,
> Que les esprits laborieux
> Utilisent dès leur jeunesse
> Pour l'âge mûr et la vieillesse.
> O science ! présent des dieux,
> Que ton culte est propice à l'âme !
> L'affligé surtout te réclame,
> Et par toi, sinon consolé,
> Supportant au moins l'existence,
> Il ne hâte point la sentence
> Que lui garde l'éternité.

O que de douces jouissances
Dans l'étude de ces secrets ,
Qui n'entraîne ni les regrets ,
Ni fâcheuses réminiscences !
Ah ! ne les dédaignez jamais ,
Et reconnaissez la puissance
De ces plaisirs purs et si vrais ,
Que pour votre aimable innocence
Le ciel dut créer tout exprès.

Si le titre d'*élémentaires* donné à la première classe des organes végétaux est pris ici dans sa plus rigoureuse acception, on n'en trouvera véritablement qu'un seul auquel on doive raisonnablement l'accorder. En effet, on a cru jusqu'ici reconnaître l'absence totale de quelques-uns des autres organes de la même classe, soit chez des individus isolés, soit même dans des familles entières, tandis qu'au contraire, celui que je viens de citer, et qu'on nomme *tissu cellulaire*, se retrouve, sans exception, dans toutes les plantes, depuis le jasmin parfumé jusqu'aux champignons les plus dégoûtants. Ceux-ci même, ainsi que les lichens, les algues, les mousses, et toutes les véritables acotylédones, en sont exclusivement composés. Nous lui devons la poire rafraîchissante, l'abricot savoureux et le parenchyme délicat de la pêche. Comme dans le règne animal, il entoure et protége les vaisseaux ; on le voit en abondance dans les feuilles charnues et dès la germination des végétaux , dont on le croirait volontiers le seul organe dans leurs premiers développements. Ses amas sont à proportion moins considérables dans les plantes ligneuses ou âgées, que dans les jeunes fleurs et l'herbe verdoyante qui ondule mollement au gré du souffle des zéphirs. Enfin, c'est un tissu membraneux formé d'une multitude de cellulles fermées et séparées les unes des autres par de minces cloisons, ce qui l'a fait comparer à un rayon de miel.

> Nous qui d'objets moins sérieux
> Faisons une étude fidèle,
> Nous le comparerions bien mieux
> A quelques aunes de dentelle.

Quoique ce ne soit point ici un traité d'organographie végétale, je ne puis me dispenser de vous dire un mot en passant des diverses formes que présentent les cellulles, qu'assez généralement on suppose arrondies dans leur état normal, et dont la diversité subséquente tient aux différentes pressions que la végétation leur fait exercer les unes sur les autres. Il existe donc quatre ordres principaux de cellulles qui ont fait définir, par quelques-uns, le tissu cellullaire en régulier et irrégulier. Celui-ci me paraît comprendre les utricules fibreuses, ou cellulles allongées, désignées par plusieurs phytotomistes sous le nom de tissu cellullaire ligneux, et chez lesquelles on distingue deux états si différents, qu'on les a subdivisées en *clostres* et

tubilles. Les clostres, ou cellules en forme de fu-
seau, entrent dans la composition du bois et des
couches corticales, et contiennent des atòmes de
matière ligneuse qui, s'attachant et s'incorporant
à leurs parois, les rendent opaques et constituent,
par leur nature particulière, les différences obser-
vées entre les diverses espèces de bois et les différents états du même individu.

> Voyez combien à l'univers
> L'atòme inaperçu devient pourtant utile !
> Grain de bois, goutte d'eau, particule des airs,
> Il est indispensable ! Et toi, mortel fragile,
> Apprends que comme lui, pour la société,
> Tu n'es qu'un grain de plus à la masse ajouté.

Les tubilles, ou cellules prismatiques, sont spécialement destinées à entourer les vaisseaux ; elles
paraissent tantôt vides, tantôt pleines d'air, et
forment seules les tiges, les nervures et les pédoncules des plantes cellulaires,

> Comme les mousses séduisantes,
> Les lichens à croître si lents,
> Et ces algues éblouissantes
> Que recèlent les océans.

Après les clostres et les tubilles, il ne faut pas
oublier les cellules médullaires, qui diffèrent es-
sentiellement des premières en ce qu'elles ne s'al-
longent que sur le sens transversal. Mais le tissu
cellulaire, dit régulier, parce qu'il ne s'allonge

guère plus sur un sens que sur l'autre, ce tissu, dis-je, n'est formé que de cellules arrondies, et celles-ci composent la moelle des arbres, l'écorce des racines, en un mot, les parties des végétaux chez lesquelles la pression est égale dans tous les sens. Ces cellules engendrent aussi de petits globules, tantôt mucilagineux ou féculents quand on les observe dans le tissu des cotylédons charnus, des tubercules ou des albumens farineux de certaines graines, et tantôt résineux comme dans les cellules des parenchymes foliacés. Ces derniers, lorsqu'ils sont frappés par la lumière, ont la propriété de revêtir diverses teintes, ce qui vous fera comprendre parfaitement

> Pourquoi la rose se colore
> Et répand ses douces odeurs,
> Dès que de la naissante aurore
> Sa corolle a reçu les pleurs.

Ces globules ont encore été considérés par quelques savants phytotomistes, comme des rudiments de cellules nouvelles dont le développement tendrait à augmenter le volume du tissu; mais cette opinion ne me paraissant pas suffisamment reçue, je me contenterai de vous l'avoir indiquée, sans davantage entrer dans des détails qui ne feraient que vous causer un ennui auquel pourtant vous deviez vous attendre, puisque, dès le commencement de cette lettre,

Si ma mémoire ne m'abuse,
Je vous ai prédit que ma muse
Allait quitter le genre gracieux
Pour un style assez ennuyeux ;
Convenez donc aussi, sans que l'on vous en presse ;
Que d'une pareille promesse
On ne pouvait s'acquitter mieux.

Maintenant que vous avez une idée du tissu cellulaire, je dois vous faire connaître ses fonctions. Celle que je citerai la première et dont j'aurai occasion de reparler plus tard, est la contractilité organique, source de mille intéressants phénomènes, et mise en jeu par le principe vital. La seconde, et non pas la moins importante, est l'élaboration des sucs, dépendante de l'hygroscopicité, troisième propriété du tissu cellulaire, et appartenant spécialement aux parois de chaque cellule, laquelle, étant hermétiquement fermée, n'a que ce moyen d'absorber les sucs dont elle est entourée, et qui lui sont perpétuellement charriés par les méats intercellulaires, présumés être de petits vides pratiqués entre les cellules pour servir à l'ascension de la sève. Ces méats, qui ont à remplir une multitude d'emplois essentiels, dont, pour le moment, je ne vous ferai connaître qu'une partie, sont divisés en autant de classes qu'il y a d'ordres de cellules. Les uns peuvent être regardés comme des chemins de communication pour les sucs qui voyagent du centre à la circonférence ; ceux qui

avoisinent les clostres conduisent la séve non encore élaborée de l'extrémité des racines au sommet
du végétal, et les autres remettent aux cellules arrondies le soin de compléter l'élaboration de cette
séve précieuse à laquelle ensuite nous devons les
présents de Flore et de Pomone, ainsi que les dons
de Cérès.

> Mais, à propos de ces déesses,
> Combien n'ai-je pas souhaité
> Que des dieux de l'antiquité,
> Dont vous connaissez les prouesses,
> L'empire eût toujours existé!
> Alors, grâce à la liberté
> Qu'accorde la mythologie,
> Au lieu de vous lasser, Julie,
> D'une foison de mots savants
> Placés peut-être à contre-temps,
> Sans redouter le ridicule,
> Du tissu ci-dessus nommé,
> J'aurais meublé chaque cellule
> D'un dieu de l'Olympe exilé.
> Ou je vous aurais raconté,
> D'un air tout à la fois riant et pénétré,
> Fait pour vous toucher davantage,
> Qu'au sein de ces forêts, où parfois je m'engage,
> J'ai souvent entendu, dans l'épaisseur du bois,
> Cent bruits mystérieux circuler sous l'ombrage;
> Que ce n'étaient ni les sons du hautbois,
> Ni les chants éloignés des bergers du village,
> Ni le jeune Zéphir à la course volage,
> Qui des roses venait nous annoncer le mois;
> Non plus que l'aquilon, précurseur de l'orage,
> Dont l'haleine glacée et la tonnante voix
> Chassent avec fureur les amours du bocage;

Que de bien d'autres déités
C'était l'intéressant langage ;
Que d'une dryade sauvage
C'étaient les soupirs étouffés ;
Ou bien les accents comprimés
D'une multitude de faunes
Qui, captifs dans le sein des aulnes,
Pleuraient ces siècles enchantés
Où, près d'une claire fontaine,
Ils dansaient à l'ombre d'un chêne
D'où sortaient cent divinités
Et mille sylvains attirés
Par les chansons du vieux Silène.

Une pareille fable n'eût peut-être pas été trop bien reçue du temps de nos bons aïeux, qui n'aimaient guère plus les plaisanteries que les innovations ; vous vous rappelez de ce qu'il en coûta à Galilée pour avoir publié que la terre tourne autour du soleil, système que pourtant un autre astronome devait faire revivre et prévaloir, mais en s'y prenant d'une manière toute différente,

Car en habile politique,
Afin d'éviter la critique,
Le jour que son livre parut,
Copernic sagement mourut.

Pour moi, s'il arrivait que l'on prît de travers toutes les folies que je viens de débiter, je me hâterais d'y renoncer pour revenir à la science, persuadée que je suis qu'elle n'est pas sans quelque affinité avec les premières ; mais enfin j'aurais toujours fait

Comme on fait dans quelques romans
Où nous voyons des revenants
Circuler sous des voûtes sombres
Pour épouvanter les vivants.
D'abord ces effroyables ombres
Sont des êtres surnaturels,
Des sylphes, des lutins, des gnomes,
Légers, malveillants et cruels ;
Mais, après les trois premiers tomes,
L'auteur prouve que ces fantômes
Sont tout simplement des mortels.

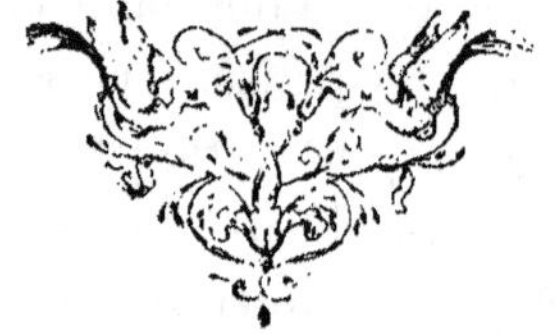

LETTRE SIXIÈME.

VAISSEAUX DES PLANTES; LEURS FONCTIONS.

Pourquoi demeurer à la ville,
Quand tout reverdit dans nos champs
DÉMOUSTIER.

On célèbre demain, dans nos bois, la fête de la déesse des fleurs, et tous les disciples de Linné étant invités à y assister, je pense que vous serez des nôtres. L'étiquette de cette cérémonie ne ressemblant en rien à celle qu'on observe à la ville, vous y pouvez paraître sans diamants; Flore vous prépare une couronne de jaunes primevères, entrelacées de pervenches d'un azur vif, qui doit faire ressortir la blancheur du muguet dont se compose le bouquet que vous offriront les Napées. Déjà la foule des musiciens convoqués par le Printemps, fait retentir le bocage de mille accords mélodieux; mais si l'oreille et les yeux sont charmés, l'odorat ne demeure pas seul privé de jouissances sous les berceaux fleuris que forment le lilas, l'aubépine et le séringat. Dans cet enchantement universel, Apollon ne peut rester muet; il chante, aussitôt les échos d'alentour répètent, en soupirant, ce refrain :

Parfums de mai ravissent l'âme,
D'un cœur souffrant endorment les chagrins ;
Ce mois charmant de ma lyre réclame
Chants aussi doux que ses jours sont sereins.

Qui ne sourit à sa tendre verdure,
A ses zéphirs agitant les bouleaux ;
Aux mille fleurs composant sa parure,
Aux frais gazons qu'il rend à nos côteaux ?

Au mois de mai, plus suave est l'aurore,
Plus beaux les soirs au calme plein d'appas ;
Le ciel plus pur, l'air plus vital encore,
D'un poids de feu ne nous accablent pas.

Je crains l'Été, ses effrayants orages,
Trop près l'Automne est voisin des autans ;
Mais du Printemps je chéris les ombrages,
De mai surtout les lilas odorants.

Parfums de mai ravissent l'âme,
D'un cœur souffrant endorment les chagrins ;
Ce mois charmant de ma lyre réclame
Chants aussi doux que ses jours sont sereins.

Vous trouverez peut-être que voilà bien de l'étalage pour vous inviter tout simplement à une herborisation champêtre ; mais, vous le savez, ce n'est pas d'aujourd'hui que la fable, la science et la poésie marchent gaîment de compagnie ;

Et même entre nous, on prétend,
Que bien souvent dame Folie
Vient assez cavalièrement
Se mettre aussi de la partie.

Voilà ce qui fait dire à tous,
En paroles très-peu discrètes,
Que les plus habiles poètes
Sont aussi les plus fous des fous.

S'en fâche ici qui le voudra,
Ce serait manquer de prudence ;
Un vieil adage vous dira
Que la vérité seule offense.

Qu'importe qu'en style mesquin
Froidement un critique glose ?
Mais, pour contenter ce Pasquin,
Bornons-nous souvent à la prose.
D'ailleurs Phébus est un taquin,
Qui boude pour si peu de chose !

Que d'autres cueillent le rameau
Dont Junon couronnait ses prêtres ;
Je lui préfère un frais côteau
Parsemé de pins et de hêtres,
Un pré traversé d'un ruisseau,
Puis un bouquet de fleurs champêtres.

Ah ! de ces jolis végétaux
Que j'aime la délicatesse ;
Dans ce tissu que de finesse,
Et que la divine sagesse
A mis d'ordre dans ces vaisseaux !

Ici je ne dois pas oublier de vous apprendre que les plantes possèdent en effet une seconde espèce d'organes fort curieux, sur l'histoire et la structure desquels les savants, suivant leur coutume, n'ont point encore pu réussir à s'accorder, mais auxquels, en attendant, ils ont conféré le titre de vaisseaux, ce qui ne veut pas dire qu'ils soient destinés spécialement à contenir aucun suc quelconque ; ces tubes, à peu près cylindriques, ne paraissant guère renfermer que de l'air, quoiqu'à la vérité, dans certains cas particuliers, ils soient

présumés donner passage à la lymphe ou sève non
élaborée, de concert avec les interstices ou méats
dont j'ai déjà parlé.

> Mais leur emploi le plus solide
> Est de distribuer au sein de chaque fleur,
> Non la sève, mais la fraîcheur
> Du souffle bienfaisant de la jeune sylphide,
> Que, pour le malheur de Procris,
> Céphale invoquait à grands cris.

Enfin, ces organes qui, outre l'absence de cloi
sons transversales, diffèrent encore essentielle-
ment des cellules par les raies, pores et ponctuations qu'on y remarque, ces organes, dis-je, sont
considérés comme des canaux aériens, et on en
compte cinq espèces très-distinctes, qui ne se re-
trouvent pas également dans toutes les plantes. Par
exemple, les vaisseaux réticulaires, plus communs
parmi les racines que chez les tiges, ne paraissent
exister que dans les tissus lâches, comme celui de
la grimpante capucine à l'éblouissante corolle,
dont la phosphorescence, observée, dit-on, par
Mlle Linné, valut aux Suédoises un éloge de Rousseau, en même temps qu'une austère leçon aux
dames françaises, qu'il se complut toujours à juger
sévèrement.

> C'est que l'Amour à ce pauvre Rousseau
> Avait, hélas! refusé son bandeau.

On a donné le nom de vaisseaux en chapelet à
des tubes dont les étranglements transversaux

n'offrent, à ce qu'il paraît, aucun diaphragme qui puisse les faire classer parmi les modifications du tissu cellulaire. Ces vaisseaux, fréquents dans les racines, les nœuds, les articulations, etc., et dont le fucus nodosus pourrait peut-être vous donner une légère idée, sont en outre munis de points en séries transversales, à peu près semblables à ceux des vaisseaux ponctués avec lesquels ils ont une grande analogie; mais ces derniers, dont la grandeur dépasse souvent celle des deux autres espèces de vaisseaux dont il me reste à vous entretenir, ne présentent point d'étranglements. Leurs ponctuations n'ont été regardées par quelques phytotomistes que comme de simples vésicules saillantes; peut-être sont-elles terminées par des pores.

> Convenez que *peut-être* est un terme commode
> Dont le vague plaît fortement !
> Aussi tous nos savants l'ont-ils mis à la mode,
> Et je suis leur enseignement.

Quant aux vaisseaux annulaires, qui portent aussi le nom de rayés, les plus grands qui aient été connus jusqu'ici se trouvent dans la tige de la balsamine, cet inodore et dernier présent de l'automne, dont les nombreuses et charmantes variétés décorent si agréablement nos parterres. Quelques organographistes ont prétendu que ces vaisseaux étaient composés d'anneaux parallèles de la nature des trachées ; néanmoins on n'y distingue aucune apparence d'élasticité. Habituellement cylindriques et simples, ils sont marqués de raies parallèles, régulières et transversales, qui ont été prises tantôt pour de véritables ouvertures et tantôt pour des raies opaques; quoi qu'il en soit, c'est à cause de cette particularité qu'ils ont été appelés vaisseaux rayés. Vous verrez bientôt qu'on n'a pas été sans leur attribuer, ainsi qu'aux pores et ponctuations, des rôles aussi intéressants qu'importants à remplir dans l'économie végétale. Mais ce sera le sujet d'une autre lettre, car je m'aperçois qu'il est temps de reprendre haleine.

> Ainsi je vais sous la feuillée
> Me reposer quelques instants,
> Et, pour terminer la soirée,
> Du rossignol écouter les accents.
> De ses accords purs et touchants
> Mon âme est toujours enchantée,
> Et souvent près de la ramée,
> A l'heure où tombe la rosée,
> Pour les entendre je me rends.
> Mais parfois ces sons ravissants,
> La lune perçant le nuage,
> La brise courant sous l'ombrage,
> Et mille parfums enivrants
> Echappés au naissant feuillage,
> Me causent un trouble enchanteur
> Dont je ne puis tracer l'image,
> Mais que trouve toujours dans le fond de son cœur
> L'amant de la nature au sein d'un frais bocage.

LETTRE SEPTIÈME.

TRACHÉES. CORPUSCULES NERVEUX. PYTHAGORE. LA MOUCHE ET LE DROSERA.

Vous vous rappelez sans doute d'avoir vu, dans les eaux profondes du Rhône, une plante aussi rare qu'extraordinaire, dont les pédoncules spiraux, élastiques et susceptibles de se dérouler à l'époque de la floraison (*), ressemblent assez passablement à un tire-bouchon prolongé. Telle est aussi l'apparence que présentent les trachées, qui constituent, chez les plantes, la cinquième espèce de vaisseaux. Dieu me garde de les oublier ! Jamais peut-être l'individu végétal tout entier n'occasionna autant de disputes entre les savants. Ce n'est pas que ces messieurs ne soient les gens les plus calmes et les plus patients du monde ;

Mais la vue est un sens trompeur...
Mais... chacun tient à son système ;
Mais nul ne se croit dans l'erreur...
Mais... à qui se fier, si ce n'est à soi-même ?

Les trachées ont été regardées comme les or-

(*) La vallisnère dioïque.

ganes respiratoires des plantes, et elles se rencon-
trent presque généralement dans toutes, à l'exception de celles qui ne sont composées que de
tissu cellullaire, telles que les chara, les hépati-
ques, etc.; mais cette dernière particularité devint
une forte objection au système de ceux qui pré-
tendaient que les trachées représentent les nerfs
des animaux.

> Cependant, quelqu'invraisemblable
> Qu'un tel système apparaisse d'abord,
> Il a quelque chose d'aimable ;
> Je regrette beaucoup qu'il soit insoutenable,
> Et qu'à grand'peine né le malheureux soit mort.

Ainsi, lorsque dans les agames, qui sont de
tous les végétaux ceux qui ont le plus de rapport
avec les animaux, l'absence totale des trachées eût
été clairement démontrée, il fallut renoncer, non
à reconnaître un système nerveux chez les plantes,
mais à en confier le rôle à ces mêmes trachées, et
celles-ci une fois privées de leur emploi, il devint
nécessaire de les faire remplacer par quelqu'autre
organe. Alors on choisit, pour cette intéressante
mission, les globules ou ponctuations des vaisseaux, dont on ne savait trop que faire, quoiqu'un
savant eût proposé de les admettre au rang des
jeunes cellulles destinées à prendre un accroisse-
ment indispensable à leur état futur de cellulles
parfaites; mais comme des expériences réitérées
avaient donné la certitude que ces vésicules ou

bourrelets étaient aussi solubles dans les acides et
alcalis que le paraissent, au sein des mêmes substances, les globules du système nerveux des animaux, on jugea convenable de les désigner sous le
nom de corpuscules nerveux, en ajoutant qu'il ne
faut entendre par là que des cellulles renflées,
microscopiques et pleines d'une substance ner-
veuse. Vous concevez qu'on ne pourrait reconnaître une pareille organisation chez les végétaux,
sans admettre en même temps, par une consé-
quence naturelle, le séduisant système de la sensibilité des fleurs, que soupçonnèrent les anciens,
et dont Pythagore fit la base de sa gracieuse hypo-
thèse, trop ridiculisée par Voltaire dans un conte
aussi malin que spirituel, où le célèbre philosophe
est représenté

> Errant d'abord, plongé dans quelque rêverie,
> Puis gagnant par hasard une vaste prairie
> Où de jeunes agneaux, couchés parmi les fleurs,
>   Du sommeil goûtaient les faveurs.
> Auprès d'eux un ruisseau, dans sa course rapide,
> Sur un sable doré versait son eau limpide.
> Là, se désaltéraient de timides brebis,
> Et le bélier joyeux sautait dans les pâtis.
> Tout respirait la paix, la joie et l'abondance.
> Pythagore attendri jouissait en silence.
> « C'est ici, pensait-il, qu'est fixé le bonheur !
> « De ces êtres charmants rien n'attriste le cœur.
> « Leurs goûts sont innocents, leur existence pure ;
> « Le sang n'humecte point leur simple nourriture.
> « Que ne puis-je avec eux, des hommes séparé,
> « Du reste de mes jours disposer à mon gré !

« Du malheureux en pleurs la plainte déchirante
« Ne parviendrait jamais en ce lieu qui m'enchante.
« Mon cœur long-temps froissé connaîtrait le repos... »
Il n'avait pas fini de prononcer ces mots,
Que d'un cri douloureux son oreille est frappée.
Il écoute, il entend une voix éplorée
Qui, d'un accent plaintif, déplorait son malheur.
« Destin, s'écriait-elle, apaise ta fureur !
« Ecoute de mes maux la fidèle peinture,
« Et daigne mettre fin aux tourments que j'endure.
« Des campagnes je suis le plus bel ornement,
« Et sans moi leur aspect n'aurait rien d'attrayant ;
« Je prodigue au Printemps ma verdure superbe ;
« Mais que je suis, hélas ! malheureuse d'être herbe !
« D'un demi-pouce à peine ai-je atteint la hauteur,
« Qu'un animal vorace, un fléau destructeur,
« Me broyant sous les os dont sa gueule est armée,
« M'engloutit sans pitié, chaque mois, chaque année.
« Et ce tigre féroce est cependant, dit-on,
« Nommé par les humains pacifique mouton.
« Mais je crois qu'il n'est point dans toute la nature
« Une aussi dangereuse et traître créature ! »
La voix s'éteint alors, et Pythagore a fui,
Stupéfait, sans vouloir regarder après lui.

Il serait bien à souhaiter, selon moi, qu'une
pareille aventure se reproduisît de nos jours afin
de lever d'un seul coup tous les doutes ; car, en
dépit des expériences, la sensibilité des plantes
est encore un problème, et les mouvements in-
concevables qu'on leur voit exécuter, ne sont attribués qu'à une puissance d'irritabilité semblable
à celle qui dilate et contracte les vaisseaux pour
favoriser la transmission des sucs qu'ils contien-

nent passagèrement, ainsi que la circulation de
l'air que la nature les a chargés d'introduire et de
distribuer dans toutes les parties du végétal. C'est
donc cette irritabilité qui, à la plus légère piqûre
d'une épingle, fait si soudainement s'incliner vers
le pistil les étamines impatientes des jaunes ber-
beris, des stachys aux épis pourprés, et celles des
cistes élégants dont les fleurs d'or ou d'argent
égaient les crêtes dénudées des coteaux de Sainte-
Catherine, de Bonsecours, et plus particulière-
ment de la roche Saint-Adrien (1), si précieuse
aux amis de la botanique par la diversité de ses
productions végétales, et où, dès le mois d'avril,
le thlaspi de montagne étale ses touffes de fleurs
argentées parmi le fin gazon qui revêt cette colline,
dont vous pouvez gagner le sommet par un sentier
tournant en douce pente, bordé de pâles isatis,
de violettes bleues rayées de pourpre, de sysim-
bres couleur de lilas et de soyeuses pulsatilles,
parure enchanteresse du printemps, que j'ai été à
portée d'admirer aussi bien que le spectacle impo-
sant du magnifique point de vue que l'on découvre
de l'extrémité de la roche dont nul arbuste ne pare
la nudité, et où rien n'intercepte la vue du ciel, ni
la perspective de la vallée immense au milieu de
laquelle la Seine promène lentement ses eaux
blondes, qui réfléchissent çà et là les sommets me-

(1) A deux lieues de Rouen, sur la route de Paris.

naçants de ces hautes collines, si multipliées sur tous les points des environs de Rouen, et que vous n'avez pas encore pu venir explorer avec moi.

> Je les ai parcourus ces sites solitaires
> Dont votre pied jamais n'effleura le gazon,
> Mais devant la grandeur de leur création,
> Je ne vis plus les fleurs, j'oubliai leurs mystères.
> Qui traversa la Seine et gravit les coteaux
> Dont les flancs rocailleux se mirent dans ses eaux,
> Qui de Saint-Adrien a vu la roche nue
> Paraissant, au lointain, dans les airs suspendue,
> De son extrémité qui contempla le ciel,
> Ne put, s'il eut mon cœur, songer qu'à l'Éternel.

Si l'irritabilité des étamines du ciste a pu vous paraître surprenante, qu'allez-vous donc penser de la lutte qui va s'établir à vos yeux entre une plante et un insecte, véritable combat d'Antée où la plante remporte comme Hercule une éclatante victoire, en privant son ennemi de la vie. Telle est l'histoire des drosera, dont les feuilles enduites, ainsi que leurs poils irritables, d'un suc glutineux et peut-être sucré, se refermant soudain sur la mouche imprudente qui les effleure de sa trompe aiguë, se transforment ainsi pour la malheureuse en une étroite prison où les efforts qu'elle fait pour s'échapper n'aboutissent qu'à hâter l'instant de son trépas.

> Voilà bien le portrait de l'homme !
> Il cherchait le plaisir, il trouve la douleur ;
> Et depuis la fatale pomme,
> Plus il court après le bonheur,
> Plus il est en butte au malheur.

Vous pourrez facilement, si vous le souhaitez, observer dès demain ce curieux phénomène, car les drosera, plus connus sous le nom de rossolis ou rosée du soleil, peuplent en abondance les marais de Jumiéges, de Heurteauville et de Sainte-Opportune. D'ailleurs, n'attendez presque jamais de moi d'autres descriptions que celles dont on peut vérifier l'exactitude à l'instant même. Rousseau blâmait avec raison la manie de ceux qui se vantent de connaître des milliers de plantes étrangères, tandis qu'ils sont incapables de distinguer le superbe alisier de la viorne sauvage. Quant à moi, non-seulement je me bornerai à l'étude des fleurs qui embellissent les champs de mon pays, mais outre que je donnerai, même aux plus simples, la préférence sur le berceau de l'oiseau-mouche, à la France seule appartiendra le pouvoir d'inspirer ma muse, et je m'écrierai plus d'une fois, avec l'accent de l'enthousiasme :

> Que d'autres chantent à leur gré
> Les beaux sites de l'Helvétie,
> Le ciel pur et la majesté
> De la merveilleuse Ausonie.
> Pour moi, fière du nom français,
> Fille heureuse de la Neustrie,
> Je ne célébrerai jamais
> Que les beautés de ma patrie.
>
> Si dans mon paisible hameau
> Je n'ai qu'un été par année,

Au retour d'un printemps nouveau,
Je me trouve plus fortunée.
Si la Risle ne roule pas
L'or des fleuves du nouveau monde,
Son onde pure et moins profonde,
Sans traverser autant d'états
Que l'Orénoque au grand fracas,
Féconde les champs qu'elle arrose
Et fait naitre plus d'une rose
Dont je préfère les appas
A tous les trésors du Potose.

LETTRE HUITIÈME.

LEVER ET COUCHER DES FLEURS. LEUR AMOUR POUR LA LUMIÈRE.
POISONS VÉGÉTAUX.

> Les végétaux sont doués de sensibilité et de
> contractilité organiques, propriétés qui sont
> une condition indispensable de la vie.
>
> F. Pouchet.

QUELS sont ces mortels insensés
Qui ne veulent tenir une foi vive et pure
Que du renversement des lois de la nature,
Et qui, s'ils ne sont exaucés,
Si la pierre ou le bois ne rendent des oracles,
Si l'enfer ne mugit, tous d'un commun accord
Dans l'incrédulité s'affermiront encor?
Qu'ils viennent donc, et des miracles
Dont chaque jour nos regards sont frappés
Qu'ils contemplent le spectacle,
Et qu'ils soient persuadés.

Cet aster éclatant (1) qui sur son réceptacle
S'apprête tant de successeurs ;
La fleur qui du soleil redoutant les chaleurs,
Se dérobe à son influence
En gardant pour la nuit toute son élégance (2) ;
L'oscillaire qui croît dans le plus sale lieu,
Être incompréhensible et pourtant admirable ;
Le polypier, comme elle inconcevable,
Ne sont qu'un aperçu des merveilles de Dieu.

(1) La reine-marguerite.
(2) La fleur de l'arbre triste ne s'ouvre que la nuit.

Le vermisseau rampant est un autre prodige.
L'arbre dont le zéphir ne peut courber la tige
Renferme dans son sein de sublimes secrets
Que l'homme indifférent néglige,
Et que l'on ne décrit jamais
Avec autant d'amour que le sujet l'exige.

Mais si nous ne contemplons que d'un œil insouciant les scènes gracieuses et diversifiées du grand spectacle de la nature, il n'en est, certes, pas de même à l'égard d'un diamant de la plus belle eau, importé des champs de l'Asie, et qui le soir étincelle comme Sirius de mille feux éblouissants à la clarté d'une douzaine de bougies. C'est alors que des acclamations d'enthousiasme retentissent autour de la personne assez heureuse pour resplendir de l'éclat d'un si précieux joyau qu'on eût foulé pourtant aux pieds, ainsi qu'un vil caillou, avant que le lapidaire l'eût débarrassé de la grossière enveloppe sous laquelle il se dérobait aux regards de la cupidité. C'est que l'admiration des hommes appartiendra presque toujours exclusivement à l'objet qui aura le plus coûté d'or, de recherches, de voyages, d'inquiétudes, de fatigues et quelquefois de sang ;

Et puis étonnez-vous que les fleurs de nos plaines
Soient pour eux sans beautés ;
Qu'elles offrent en vain de touchants phénomènes
A leurs yeux aveuglés !

Mais laissons les chercher leur félicité pure
Au sein des mines d'or.

Et pour nous courons voir si parmi la verdure
La cirse brille encor (1).

Comme la paquerette, humble et charmante étoile,
Cette fleur nous prédit
L'instant où le soleil va s'entourer du voile
Que lui prête la nuit.

Vous ne vous seriez peut-être jamais doutée
que les fleurs eussent, ainsi que nous, des heures
régulières de coucher et de lever. Cependant ce
curieux phénomène s'accomplit chaque jour sous
vos yeux, et pour vous en convaincre, je ne veux
que vous rappeler la promenade que nous fîmes
ensemble dans les riantes prairies de Saint-Phil-
bert, où, entre deux rives verdoyantes, la Risle
laisse paisiblement couler ses ondes transparentes
et pures

Au pied d'une colline, fière
Des chênes élevés qui couronnent son front ;
Mais qui, bien qu'elle soit altière,
N'eut jamais le titre de mont.

C'était dans les premiers jours de mai, au lever
de l'aurore.

Nous vîmes l'horizon se teindre
De ce pourpre éclatant, précurseur d'un beau jour...
Mais je vous laisse à votre tour
Ce brillant spectacle à dépeindre.

Après l'avoir suffisamment admiré, vous re-
marquàtes avec surprise que les fleurs des pissen-

(1) Cirsium acaule.

lits, qui, la veille fièrement épanouies, semblaient presque, me disiez-vous, défier la splendeur du soleil, étaient toutes disparues, à la réserve d'un très-petit nombre que le jour naissant vous faisait par degrés apercevoir çà et là, à côté de la porcélie, qui, plus altière qu'elles, selon vous,

> Elevait sa tête orgueilleuse
> Au-dessus d'un gazon vermeil,
> Où l'abeille laborieuse
> Venait épier son réveil.

Mais votre étonnement fut bien plus grand lorsqu'au bout d'une heure vous les revîtes toutes aussi fraîches et aussi éblouissantes que le jour précédent. Ce qui vous surprenait alors était un effet de ce que le docteur Plenck a nommé le mouvement automatique des plantes, et qu'on pourrait, plus poétiquement, attribuer à leur amour pour la lumière, système que l'exemple de l'acacia eburnea (1) appuierait victorieusement au besoin, en même temps qu'il en fournirait un de modestie, puisque l'ombre de quelqu'un lui fait aussi rapidement replier ses feuilles que le passage d'un nuage (2), de telle sorte que vous iriez vainement demander de la fraîcheur à son ombrage. Vous conviendrez qu'il est fort heureux pour nous que tous les végétaux ne lui ressemblent pas à cet égard.

(1) Mimosa eburnea.
2) *Lettres à Sophie*, liv. 1ᵉʳ, lettre 4.

Où donc en serions-nous, Julie,
Si, lorsque nous herborisons
Dans les plaines et les vallons,
Au sein d'une verte prairie,
Ou bien sur la cime des monts,
Exposées aux brûlants rayons
Du blond amant de Castalie,
Chaque arbre, ainsi que l'acacie,
Nous privait d'un ombrage frais,
En cachant ses chastes attraits
Par un excès de modestie.

Mais il ne s'agit point ici des fictions de la poésie ; et quoiqu'il soit reconnu que les végétaux dirigent constamment leurs rameaux du côté le plus éclairé de l'endroit où ils se trouvent, le phénomène que présente l'acacia eburnea, celui non moins intéressant de la clôture, le soir ou par un temps pluvieux, des corolles étoilées de la paquerette et de beaucoup de semi-flosculeuses, ainsi que l'attitude gracieusement inclinée que prennent dans les mêmes cas les sveltes campanules, les anémones élégantes dont nos bosquets sont émaillés, les scilles azurées et les draves mignonnes qui, du haut de nos toits, proclament l'arrivée du printemps ; ces phénomènes, dis-je, ne doivent être attribués qu'à la seule prévoyance de la nature, et non, comme on l'a quelquefois prétendu, à une sorte d'instinct, ni même à la sensibilité.

Si cette agréable chimère
A pu vous séduire un moment,
Vous y renoncerez gaiment.

> Hélas! que ne se peut-il faire
> Qu'on en dise toujours autant!

Néanmoins, cela ne veut pas dire que vous deviez regarder les végétaux comme dépourvus de sensibilité ; car cinq ou six gouttes d'acide prussique jetées sur la sensitive vous replongeraient bientôt à cet égard dans un inextricable labyrinthe de doutes. Ce redoutable acide a la propriété de faire éprouver aux folioles de cette plante quelque chose de convulsif, puis de la priver, pendant sept ou huit heures, du mouvement spontané qui, au plus léger attouchement, décèle habituellement son irritabilité. Voilà ce qui a confondu les savants, au point de leur faire avouer que de tels faits tendraient à établir un plus grand rapport qu'on ne l'aurait pensé entre la vie végétale et la vie animale ; mais, en même temps, ils ont vite ajouté

> Pour atténuer leurs aveux,
> Qu'ils n'en croyaient pas plus qu'un système nerveux
> Chez les plantes fût admissible,
> Par la seule raison qu'il doit être impossible.

Mais à quel organe des végétaux s'attaqueraient donc, pour les détruire, ces poisons issus de leur règne et qui ne sont si funestes aux animaux que parce qu'ils agissent spécialement sur leurs nerfs ? Ne voyons-nous pas la ciguë et la belladone, quand elles sont employées dans l'arrosement des plantes, occasionner aux feuilles un spasme et une contorsion suivis d'une espèce d'agonie après laquelle elles se flétrissent pour toujours ?

> Mais que fais-je en vous détaillant
> Ces effets dont déjà vous soupçonnez la cause ?
> N'est-ce pas effrayer votre cœur bienveillant
> Jusqu'à vous empêcher de cueillir une rose ?

Enfin, l'électricité même a le pouvoir de tuer les végétaux. Son action fait perdre aux tissus la faculté de se contracter et arrête la circulation des fluides, qui cessent alors de s'échapper quand on coupe les tiges ou les rameaux de la plante qui y a été soumise.

> Trouverez-vous encor que le règne animal
> Ait si peu de rapports avec le végétal ?

Au contraire, je suis persuadée que, revenue de votre première opinion et plongée dans l'admiration qu'inspirent tant de merveilles, vous ne désirez rien plus impatiemment que d'en connaître davantage, autant pour votre amusement que pour votre instruction, car je sais que l'étude de l'histoire naturelle est votre plus délicieux passe-temps.

> Et vous avez raison. En créant la nature,
> Dieu varia sa grâce ainsi que sa parure,
> Pour que l'homme y puisât mille diversions
> A l'excès du bonheur ou des afflictions.
> Le danger du premier est d'énerver nos âmes,
> D'y faire succéder aux généreuses flammes
> Cet hôte languissant que l'on nomme l'ennui,
> Et pour lequel jamais aucun beau jour n'a lui.

Des secondes, hélas! l'effet trop ordinaire
Est de nous dégoûter du séjour de la terre,
Et de nous inspirer le coupable dessein
D'avancer de nos jours la redoutable fin ;
Tel est du temps présent le déplorable usage.
Mon Dieu! l'homme jamais ne deviendra-t-il sage ?
Passera-t-il toujours d'un extrème insensé
Du jour au lendemain à l'extrème opposé ?
N'a-t-on pas vu traiter de démence profonde
Ce dégoût spontané pour les scènes du monde,
Qui fit tant de reclus, peupla tant de couvents ?
Maintenant on se tue, a-t-on plus de bon sens,
Et n'est-ce pas encore un acte de folie,
Mais qui ne peut venir qu'à l'esprit d'un impie ?
Quoi ! lorsque l'univers élève tant de voix
Pour bénir du Très-Haut les œuvres et les lois,
Quand devant le néant tout frémit et recule,
L'homme seul à sa vie attente sans scrupule,
Seul de l'ingratitude arbore le drapeau
Et se croit courageux quand il n'est que bourreau !!
J'ai dit l'ingratitude et ne puis m'en dédire,
Car tel il faut juger cet horrible délire
Qui porte à dédaigner les dons du Créateur
Pour un lâche trépas dont le nom fait horreur.
Le pare qui voudra du titre de courage,
En est-il à quitter le combat qui s'engage,
A repousser la main qui sonde le cancer
Ou le vase rempli d'un spécifique amer ?

Mais détournons nos yeux de ces noires images,
Nous qui de l'existence aimons jusqu'aux orages.
Laissons le suicide outrager à la fois
Sa patrie et son Dieu, la nature et ses droits,
Et le cœur tout fervent, pleins de reconnaissance,
Bénissons chaque jour la sage Providence
Qui, non contente encor d'avoir par mille soins
Pourvu si largement à nos moindres besoins,

De la terre et des cieux prépara les merveilles,
Afin que leur étude utilisât nos veilles.
Douce occupation, préférable au repos,
Ravissant intermède à de plus durs travaux,
Qui des jours nébuleux nous abrègent les heures
Et font un paradis des plus simples demeures !
Ah ! quand de nos esprits ce goût s'est emparé,
La terre est un séjour de pure volupté.

Heureux donc qui toujours sentit pour la science
Cette inclination, sorte de prescience,
Qui, du ciel émanée, a le précieux don
En calmant ses douleurs de rendre l'homme bon,
D'ouvrir à la vertu son âme tout entière,
A des récits touchants d'humecter sa paupière,
Et de nourrir en lui ce sentiment puissant
Qui du bien qu'on nous fait rend si reconnaissant !
Alors le cœur aidé d'une mémoire active,
Jouit dans le passé qu'il colore et ravive.
C'est ainsi que l'aspect des globes scintillants
Qui rendent de la nuit les voiles si riants,
Me rappelle l'époque où j'appris à connaître
Ces constellations qu'au soir on voit paraître,
Soit qu'octobre ramène Orion dans les cieux,
Avec le Chien brillant qui le suit en tous lieux,
Ou que des jours d'août le cours brûlant s'achève,
Et que sur l'horizon Andromède se lève ;
Et penser à ce temps, c'est éprouver d'abord
Ce que la gratitude a de plus doux et fort.
Etat délicieux dont toute âme sensible
Connaît l'enchantement et l'ivresse indicible !
Si je vois dans ces prés parés de mille fleurs
Briller du papillon les diverses couleurs,
Le carabe doré se dérober sous l'herbe,
La rose où se blottit la cétoine superbe,
L'agile libellule effleurer le roseau,
Et les jeux turbulents des tipules sur l'eau,

Plus prompte que l'éclair, aussitôt ma pensée
Me rend de vos discours l'obligeance empressée,
Quand j'allais, vous lassant de mille questions
Sur l'entomologie et vos collections,
Épier avec vous sous la ronce et l'ortie
Du méloé de mai (1) la première sortie.
D'insectes et de fleurs occuper nos loisirs,
Tels étaient en effet nos uniques plaisirs,
Lorsque votre présence au foyer de mon père
Répandait la gaîté dans toute la chaumière!...
Cet heureux temps n'est plus, mais j'ai son souvenir,
Et gravé dans mon âme, il n'en doit plus sortir.

Ainsi, bonté parfaite et pure gratitude,
Tels sont les résultats que nous donne l'étude.
Hommes, livrez-vous donc à ses enchantements,
Cherchez dans la science égalité de rangs.
Au pauvre comme au riche elle ouvre une carrière
Où chacun peut choisir son but et sa bannière,
Où tous peuvent courir mille brillants hasards,
Soit qu'ils soient éblouis par les lauriers de Mars,
Soit qu'ils suivent Thémis ou que de l'industrie
Le légitime gain à leur esprit sourie....
Enfin, pour terminer ce prolixe discours,
Jeunes gens, à l'étude il faut vouer vos jours!
Votre existence alors deviendra supportable,
Quels que soient les revers dont le sort vous accable.
Retenez bien surtout cet adage banal:
« Oisiveté toujours fut mère de tout mal. »

(1) Insecte du genre cantharide.

NEUVIÈME LETTRE.

FIBRES DES VÉGÉTAUX. COUCHES DU BOIS. COURT RÉSUMÉ DES SUJETS PRÉCÉDENTS.

Cependant daignez accueillir
Ces écrits que la négligence
A sous les yeux de l'indulgence
Griffonnés pour vous les offrir.
DEMOUSTIER.

Eh ! quoi, jeune et vive Julie,
Mes leçons ne vous lassent pas !
Quoi, vous admirez mon fatras ?
Vraiment la chose est inouïe !
Que vous aimiez les vers galants
Et la délicate ironie
De l'aimable amant d'Emilie,
Que l'instituteur de Sophie
Vous captive par ses talents,
Que la vive et fine saillie
De nos auteurs du bon vieux temps
Vous amuse quelques instants,
Je n'en serai point étonnée ;
Mais auprès de pareils géants
Comment remarquer un pygmée ?

Mais il ne faut pas que j'aille faire ici comme l'âne de la fable qui, chargé de reliques, s'attribuait naïvement les révérences qu'on leur adressait. Je sais que votre esprit pénétrant, qui s'entend si merveilleusement à faire la part de chacun, n'a pas été la dupe de mon savoir d'emprunt, et de mon parler doctoral ;

5

Car les écrits impertinents,
Et les grands mots vides de sens
N'éblouissent pour l'ordinaire
Que la sottise et le vulgaire ;
Tel on vit Pan jadis faire pâmer Midas
Par ses grotesques chants, mais n'en plaisantons pas ;
Notre siècle n'est point celui de l'ignorance,
Certes, il s'en faut, puisqu'hélas !
C'est celui de la *renaissance* ;
Et pourtant que de Pans et de Midas en France !

Enfin, puisqu'en dépit de mes divagations la science de la botanique a pour vous tant d'attraits, ne doutez pas de mon zèle à poursuivre la tâche que vous m'avez imposée. D'ailleurs la nature elle-même ne semble-t-elle pas m'engager à continuer de célébrer ses beautés par la richesse de la parure dont elle s'est revêtue ? Vous en trouverez, si vous voulez, la preuve dans l'éclat des jaunes giroflées qui dorent le haut des murailles des églises et des vieilles tours dont se glorifie votre ville boueuse ; pour moi je ne veux invoquer que les charmes de cette belle soirée. Que l'azur de ce ciel est pur ! Quelle quiétude dans l'atmosphère ! Que la verdure de ces sillons est tendre ! Quelle fraîcheur et quelle délicatesse dans cette multitude de fleurs diversement nuancées qui tapissent les bords du sentier que je viens de parcourir ! Et ces arbres ! comme ils semblent incliner gracieusement leurs rameaux jusques devant ma figure pour que je les admire de plus près ! De quel buisson sont sorties ces suaves émanations qui ont traversé l'air ? Ah ! comment se soustraire à l'influence enivrante de tant de ravissantes merveilles ? Je ne sais si vous le pourriez, mais quant à moi, je vous l'avoue, Julie,

> Lorsque de ce lilas que le printemps décore
> Les fleurs d'un blanc de lait exhalent leurs parfums,
> L'amour autour de moi semble planer encore
> Pur comme un cœur d'enfant, sans soucis importuns.
>
> Surtout quand du soleil la splendeur adoucie
> Laisse à son tour Phébé régner au firmament,
> Et que du rossignol la touchante harmonie
> Porte dans tous les cœurs un doux ravissement,
>
> Alors j'aime à rêver et mon âme se plonge
> Dans un vague enchanteur, momentané repos,
> Qui n'emprunte à l'espoir aucun riant mensonge
> Seulement au passé l'oubli de quelques maux.
>
> Ah ! tant de souvenirs s'attachent à cette heure,
> A ces fleurs, au printemps, aux beaux soirs de l'été,
> Qu'auparavant qu'en moi leur influence meure
> J'aurai dans le tombeau connu l'éternité.

C'est ainsi que notre imagination s'enflamme à l'aspect du spectacle enchanteur que nous présente la nature. Mais l'œil du sage pénètre plus avant et découvre dans tous leurs détails les véritables merveilles que cachait à nos yeux le voile séduisant de l'ensemble ; vous voyez donc, Julie, que vous ressemblez au sage. Pour vous un végétal si frêle et insignifiant qu'il paraisse, est un être vivant, organisé, composé de tissu cellullaire et de vaisseaux, et doué de sensibilité ou tout au moins d'irritabilité (ce qui pour moi est presque la même chose); enfin c'est un prodige digne de toute votre admiration, et sur lequel vous ne marcherez bientôt plus qu'en tremblant.

> Alors, adieu la danse au milieu des prairies,
> Sur le bord des ruisseaux adieu les rêveries.
> Voilà pourtant comment la curiosité
> Peut de tous nos plaisirs troubler la volupté.

Cependant rassurez-vous; la providence ayant prévu les dangers qui pourraient menacer ses plus délicates productions, elle s'est aussi d'avance occupée des moyens de prévenir leur destruction. Je ne vous en citerai pour le moment qu'un seul, c'est le soin qu'elle a pris de pourvoir les végétaux de fibres. Ces fibres dont l'ensemble porte le nom de couche ligneuse quand elles sont réunies et disposées en cercle autour de la moelle des arbres, sont formées d'une infinité de vaisseaux qu'entoure et entrelace ce tissu cellulaire allongé dont les cellules vous sont déjà connues sous le nom de tubilles. Ce sont ces fibres qui donnent à l'humble gazon la force nécessaire pour supporter la pression de vos pas sans en être écrasé ou rompu, comme elles mettent aussi les géants de la végétation en état de résister à la furie des aquilons,

> De ceux dont les mugissements
> Semblent jusqu'en ses fondements
> Ébranler la terre effrayée,
> Tandis que l'humaine lignée
> Croit des célestes jugements
> Voir l'heure fatale arrivée.

J'espère que désormais vous ne considérerez plus les fibres comme des organes simples, et que vous comprendrez surtout aisément pourquoi la branche de l'arbre, le chaume des graminées et les tiges du chanvre et du lin sont plus difficiles à rompre transversalement que sur le sens longitudinal. Aussi a-t-on recours au rouissage pour séparer les fibres de ces deux dernières plantes quand on veut obtenir, du lin en particulier, les fils délicats qui servent à ourdir ces charmants tissus que l'industrie semble avoir portés à leur dernier point de perfection. En un mot, « les parties fibreuses des végétaux sont plus faciles à séparer en long qu'en travers, et c'est ce que les ouvriers appellent *suivre le fil du bois*. (1) » N'est-ce pas aussi l'histoire des dards du bon vieillard de La Fontaine ?

> Apologue charmant, rempli de vérité
> Mais trop mis en oubli parmi l'humanité.

Arrêtons-nous ici pour admirer un peu comme tout se lie et est en harmonie dans les œuvres du Créateur. La faible plante, l'homme orgueilleux prospèrent ou périssent par les mêmes moyens. L'ordre et l'union constituent la force et la beauté de l'univers, me disiez-vous dans une de vos dernières lettres, c'est la loi suprême de l'Eternel; pourquoi donc les hommes semblent-ils se plaire à l'enfreindre ? Ah! c'est que tous ne possèdent

(1) M. Decandolle. *Organ. vég.*, tom. 1er, ch. 4. pag. 65.

pas votre cœur bienveillant ni ce désintéressement, cette générosité qui font la base de votre caractère, et qui forcent chacun à vous redire plus d'une fois avec moi,

> Complaisance, douceur, bonté,
> Touchante sensibilité,
> Tout ce que la vertu possède
> De grâce et d'amabilité
> En vous se trouve rassemblé.
> Le cœur le moins sensible cède
> A l'attrait que vous inspirez;
> Sans y prétendre, vous plaisez.
> Puis unissant la modestie
> A vos charmantes qualités,
> Vous vous glissez dans cette vie
> Sans vous douter que vous charmez.

Vous avez vu que le tissu cellulaire est le premier et le principal organe élémentaire des végétaux. La forme des cellules, leurs fonctions et celles des méats intercellulaires, commencent à vous être connues, de même que celles des vaisseaux qui sont regardés comme le second organe élémentaire des plantes; vous venez d'apprendre que ceux-ci composent avec le tissu cellulaire allongé, les fibres végétales qui à leur tour forment les couches du bois; ainsi vous en savez assez sur ces organes pour que je puisse quelqu'autre jour passer à l'examen de l'écorce, des stomates, des poils, etc., dans lequel nous les retrouverons encore; mais pour aujourd'hui n'en exigez pas davantage, et venez plutôt avec moi respirer la fraîcheur du soir et suivre les bords du ruisseau qui traverse la prairie ; ensuite nous irons nous asseoir à l'abri de mes cytises fleuris. Là vous respirerez les suaves odeurs qu'exhalent les brillantes ravenelles et les narcisses d'argent. Qui sait si les Muses et leur frère ne nous visiteront pas dans cette charmante retraite. Cette heure est celle des inspirations poétiques ; c'était à ce moment que Sapho s'écriait d'une voix plaintive :

Quel charme décevant s'est glissé dans mon âme ?
D'où me vient aujourd'hui cet éclair de bonheur ?
Quelqu'un a-t-il passé qui soit cher à mon cœur ?
Ai-je rêvé le temps d'une touchante flamme,
    Ou bien oublié mon malheur ?

Ah ! je n'ai point rêvé ; rien ne se fait entendre
Et ce n'est qu'un parfum qui cause mon erreur.
Oui, c'est le seul parfum d'une modeste fleur
Qui pénètre mon sein d'un sentiment si tendre,
    De ce réséda c'est l'odeur.

Pourquoi donc ce parfum a-t-il tant de puissance ?
Pourquoi me plonge-t-il dans un trouble enchanteur ?
Pourquoi n'en est-il point qui me soit plus flatteur
Et qui de celui-ci possède l'influence
    Toute d'amour et de candeur ?

Oh ! de l'émotion qu'il m'a toujours causée
Celui qui n'aima rien ignore la douceur ;
Jamais un souvenir ne le rendit rêveur,
Une fleur, un beau ciel, une nuit étoilée,
    N'ont pour lui rien de séducteur.

Ce parfum me retrace un temps rempli de charmes....
Un temps où la pudeur embellissait l'amour.

Ce temps qui fut pour moi l'aurore d'un beau jour,
Est celui qui depuis m'a coûté tant de larmes
    Quand il s'est enfui sans retour.

Mais peut-on oublier ces époques d'ivresse
Où le sentiment pur, des passions vainqueur,
Sut unir à la fois, au sein de la jeunesse,
Innocence amoureuse à timide tendresse,
    Réserve à délirante ardeur ?

Oh ! non, jamais, pas plus que la biche altérée
N'oubliera le sentier qui conduit au ruisseau,
Pas plus que le bouvreuil n'oubliera le rameau
Auquel il confia de sa tendre couvée
    Le fragile et touchant berceau.

Hélas ! ces souvenirs à mon âme flétrie,
D'un bonheur qui n'est plus rappellent les lueurs.
Ils sont au cœur froissé par de vives douleurs,
Chers comme à l'exilé le nom de sa patrie,
    Doux comme l'ombre aux moissonneurs.

Crois réséda chéri, viens orner ce parterre,
Et que ta douce odeur s'élève jusqu'à moi.
Ah ! si de mes chagrins quelqu'objet sur la terre
    Pouvait un moment me distraire,
    Aimable fleur, ce serait toi.

Et si je succombais à ma mélancolie,
Je dirais aux amis qu'elle désolera :
Voulez-vous ranimer ma chancelante vie ?
Ah ! faites respirer à votre triste amie
    Le seul parfum du réséda.